DAXUE WULI SHIYAN YUXI BAOGAOCE

大学物理实验预习报告册

侯泉文　刘晓军　侯建平
庞述先　奥诚喜　　编

班 级＿＿＿＿＿＿＿＿＿

学 号＿＿＿＿＿＿＿＿＿

姓 名＿＿＿＿＿＿＿＿＿

组别－序号＿＿＿＿＿＿

西北工业大学出版社
西 安

国防工业出版社
National Defense Industry Press
北 京

【内容简介】 本报告册系在西北工业大学《大学物理实验预习报告册》(国防工业出版社)的基础上,根据教学实际情况和教学研究成果修订而成的。该报告册在原预习报告册的基础上加入了每个实验的实验报告部分,使之成为一体,覆盖物理实验学习的预习、实验、报告全过程。此外,对部分实验的数据处理要求进行了修订,使其与配套教材《大学物理实验》相一致,符合最新的国家相关标准。

本报告册共含有 16 个实验,内容涵盖力、热、声、光、电及磁等各个方面。在实验类型上,则包括基础、综合和设计等各个模块。

本报告册主要供西北工业大学开设本课程的各专业学生两学期的物理实验学习使用,也可供开展相关实验的各高校师生参考。

图书在版编目(CIP)数据

大学物理实验预习报告册/侯泉文等编. —西安:西北工业大学出版社,2018.1(2022.1重印)
ISBN 978 - 7 - 5612 - 5836 - 1

Ⅰ.①大… Ⅱ.①侯… Ⅲ.①物理学—实验—高等学校—教学参考资料 Ⅳ.① O4 - 33

中国版本图书馆 CIP 数据核字(2018)第 004933 号

策划编辑:李 萌
责任编辑:孙 倩

出版发行:西北工业大学出版社
通信地址:西安市友谊西路 127 号　　邮编:710072
电　　话:(029)88493844　88491757
网　　址:www.nwpup.com
印 刷 者:西安浩轩印务有限公司
开　　本:787 mm×1 092 mm　　1/16
印　　张:4.5
字　　数:89 千字
版　　次:2018 年 1 月第 1 版　2022 年 1 月第 5 次印刷
定　　价:15.00 元

前　言

　　实验报告写作是"大学物理实验"课程一项特定的基本要求,也是实验技能与素质培养的重要环节。由于大多数学生以前未受过系统的实验训练,在预习中遇到了很大的困难,为此,我们编写了本书,旨在帮助和引导学生在阅读讲义时抓住重点,理顺思路,高效率地完成实验。

　　本实验报告册包括 16 个实验,分两学期进行,每个实验报告分为五个部分。第一部分为实验原理简述,要求学生在掌握实验原理的基础上画出测量线路图或光路图,并写出公式。第二部分为实验步骤及注意事项,要求学生对实验步骤进行整理总结,并通过抄录注意事项来增强学生对实验中要点的印象和理解。第三部分为预习自测题,是预习报告册的核心。在这部分中给出若干实验涉及的原理、方法及操作中的要点和难点的填空题,题目以引导为主,突出实验中基本的和必须注意的问题,同时在排序上注意它们之间的联系,以提醒和帮助学生抓住要点,理清思路,要求学生在阅读教材的基础上完成这些填空题。第四部分为仪器记录,要求学生记录实验所用仪器的名称、型号和主要参数等。第五部分为原始数据记录,要求学生在熟知测量内容和要求的基础上合理、规范地填写原始数据。

　　为使学生熟悉掌握数据处理的过程,《钢丝杨氏模量的测定》中给出了实验数据处理的具体步骤以供学习。

　　为使学生能更好地掌握实验报告的写法和要求,在本书的后面给出一份供学生参考的实验报告《三线摆测量转动惯量》,希望能给学生一些启发。

　　由于水平有限,书中错误与不当之处在所难免,请读者予以指正。

编　者

物理实验课学生守则

1. 上课迟到 15min 及以上者不能参加本次实验课,记为旷课一次。

2. 课前必须认真预习,明确该次实验的目的和测量内容,完成预习报告,经教师审核许可后方能进行实验操作。没有预习者不得进行实验,本次实验成绩为零。

3. 进入实验室必须按小组序号入座。

4. 实验前仔细清点仪器,如发现缺损及时向教师报告。实验后必须整理好仪器。

5. 爱护实验室一切仪器设施,不得随意拆卸挪动。正确使用、调整仪器。电学实验接线后,须经教师检查许可方能通电。

6. 实验中如发生事故,须保护现场,电学实验应断开电源,并立即报告教师。当事人要如实填写仪器损坏登记表,由教师签署意见。因违章操作造成仪器损坏者,要按相关规定赔偿。

7. 以认真的态度和求实的作风做好每个实验,按时完成实验任务。测量数据必须当堂交教师审阅签字后,方可结束实验。

8. 禁止在实验室内喧哗、打闹、抽烟、吃东西、随地吐痰及乱扔纸屑杂物。

9. 值日生课后应按教师要求整理清扫实验室。

10. 按时认真完成实验报告。交报告时应附上有教师签字的原始数据记录。

11. 凡无故缺课 2 次及以上,缺交报告一份及以上者无本实验课程成绩,必须重修。

物理实验室安全守则

　　物理实验室是进行科学实验的专门场所,有大量的仪器设备和实验器材等,一些实验还有一些特定的环境条件要求。实验室安全会涉及电源、电磁场、水、激光、汞灯、高温、低温、真空、放射源和精密仪器等。学生进入实验室学习一定要养成良好的实验室习惯,严格执行实验室给出的各项具体操作规程和安全防护规则,确保人身安全和仪器安全。一些基本常识如下:

　　1. 实验中有高压时,一定要特别小心,不能带电操作。

　　2. 电学实验不能用手接触带电触点、裸露的导线、接线柱。

　　3. 使用直流电源时,连接电路和仪器必须注意电源极性,且必须接好线路并将电源电压(或电流)调至安全位置后再接通电源。

　　4. 实验中涉及高温、低温时切勿用手或身体其他部位直接接触,避免烫伤或冻伤。

　　5. 做光学实验时,不能用眼睛直视激光或强光,避免灼伤眼睛。

　　6. 禁止用手接触、触摸光学器件的光学表面,并轻拿轻放。

　　7. 擦拭光学表面时,必须使用专用镜头纸(或药棉、丝绸),禁止用其他纸张或布类等。

　　8. 学生完成实验后,应将自己的仪器整理归位,关闭本组的电源和水源等。实验中如发生停电、停水时,应关闭电源和水源等待,水电来后再继续进行实验。

物理实验课程平时成绩评分要点

一、预习

1. 认真预习,填写预习报告。做到基本明确本次实验任务,理解实验原理及实验方法要点。

2. 列出合乎要求的原始数据记录表。

二、课堂操作

1. 自行阅读实验教材及仪器说明,正确调整及使用仪器。注意工作台面仪器的合理布局。

2. 数据无错误,有效数字位数及单位正确。

3. 实验完毕,设置仪器到非工作状态并整理桌面仪器及卫生。

4. 遵守《物理实验课学生守则》,态度认真,按时完成任务。

三、实验报告

1. 原理叙述简洁明了,正确完备。电路图、光路图正确。仪器记录完备。

2. 数据记录表及作图合乎要求。数据处理过程及结果清晰、正确,结果表示正确完整。

3. 字迹清楚工整,条理分明,卷面整洁,按时完成。

实验循环表及实验室分配

（西北工业大学物理实验室）

第 一 学 期

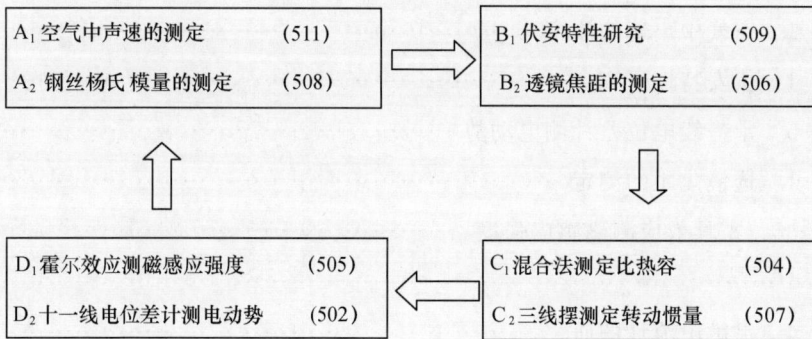

A₁空气中声速的测定 (511)
A₂钢丝杨氏模量的测定 (508)

B₁伏安特性研究 (509)
B₂透镜焦距的测定 (506)

D₁霍尔效应测磁感应强度 (505)
D₂十一线电位差计测电动势 (502)

C₁混合法测定比热容 (504)
C₂三线摆测定转动惯量 (507)

第 二 学 期

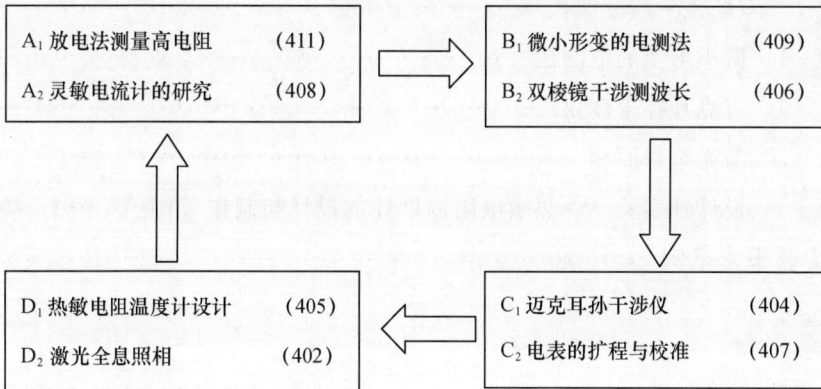

A₁放电法测量高电阻 (411)
A₂灵敏电流计的研究 (408)

B₁微小形变的电测法 (409)
B₂双棱镜干涉测波长 (406)

D₁热敏电阻温度计设计 (405)
D₂激光全息照相 (402)

C₁迈克耳孙干涉仪 (404)
C₂电表的扩程与校准 (407)

目　录

实验 5-1 钢丝杨氏模量的测定

一、实验原理简述(结合公式和图,用简洁文字说明)

（提示:杨氏模量及其定义、光杠杆放大法原理、测量公式及各量含义）

二、实验步骤及注意事项

三、预习自测题

1. 本实验采用光杠杆放大法测量钢丝的微小伸长量 ΔL，测量公式 $\Delta L=$ _____。式中 R 表示 _____ ; b 表示 _____ ; l 表示 _____。其中 R 可由 $R=50H$ 确定，H 是指 _____。光杠杆放大倍数 $M=$ _____。

2. 为了能从望远镜中观察到标尺像，首先要目测粗调，然后使望远镜对准光杠杆小镜，通过望远镜准星望去，能看到镜中的标尺像，然后调节望远镜的 _____使叉丝清楚，再调 _____使标尺像清晰。

3. 若目镜已对叉丝聚焦清晰，当眼睛上下移动时，叉丝与标尺像有相对运动，这种现象称为 _____。产生的原因是望远镜物镜所成的标尺像没有落在 _____，消除的办法是 _____。

4. 逐差法处理数据的条件是：(1) _____；(2) _____。

5. 用米尺测量钢丝原长 L 时，其误差限取为 _____；计算各直接测量值的不确定度时，砝码质量 m 的误差限取为 _____。

四、仪器记录(名称、型号、主要参数)

五、原始数据记录

1. 测量钢丝伸长量。

序号	m/kg	$a_{上}$/cm (加砝码)	$a_{下}$/cm (减砝码)	$\bar{a}$/cm	$x_i = a_{i+4} - a_i$/cm	$\bar{x}$/cm	Δx_i/cm
1	3						
2	4						
3	5						
4	6						
5	7						
6	8						
7	9						
8	10						

2. 钢丝直径 D 测量数据（注意：为防止钢丝弯折，请选取备用钢丝进行测量）。

螺旋测微计初读数：$D_0 =$ 单位：mm

序号	1	2	3	4	5	6	7	8	9	10
D_1										
$D = D_1 - D_0$										
$\bar{D}$										
ΔD										

3. 测量 H, L, b。

单位：cm

序号	1	2	3	4	5
x_1 (上视距丝)					
x_2 (下视距丝)					
$H = \lvert x_1 - x_2 \rvert$					
$\bar{H}$					
L					
b					

六、数据处理

(1) 钢丝直径 D。

$\overline{D} = $ _____ ;

A 类不确定度：$u_A(D) = 1.06 \times \sqrt{\dfrac{1}{10 \times 9} \sum\limits_{i=1}^{10} (\Delta D)^2} = $ _____ ;

B 类不确定度：$u_B(D) = \dfrac{0.004\,\text{mm}}{3} = $ _____ ;

合成不确定度：$u_c(D) = \sqrt{u_A^2(D) + u_B^2(D)} = $ _____ ;

(2) 4 块砝码导致的钢丝伸长量 x。

$\overline{x} = $ _____ ;

A 类不确定度：$u_A(x) = 1.20 \times \sqrt{\dfrac{1}{4 \times 3} \sum\limits_{i=1}^{4} (\Delta x)^2} = $ _____ ;

B 类不确定度：$u_B(x) = \dfrac{0.5\,\text{mm}}{3} = $ _____ ;

合成不确定度：$u_c(x) = \sqrt{u_A^2(x) + u_B^2(x)} = $ _____ ;

(3) 上下视距丝读数差 H。

$\overline{H} = $ _____ ;

A 类不确定度：$u_A(H) = 1.14 \times \sqrt{\dfrac{1}{5 \times 4} \sum\limits_{i=1}^{5} (\Delta H)^2} = $ _____ ;

B 类不确定度：$u_B(H) = \dfrac{0.5\,\text{mm}}{3} = $ _____ ;

合成不确定度：$u_c(H) = \sqrt{u_A^2(H) + u_B^2(H)} = $ _____ ;

(4) 钢丝原长 L。

$\overline{L} = $ _____ ;

A 类不确定度：$u_A(L) = 0$ _____ ;

B 类不确定度：$u_B(L) = \dfrac{3\,\text{mm}}{3} = $ _____ ;

合成不确定度：$u_c(L) = \sqrt{u_A^2(L) + u_B^2(L)} = $ _____ ;

(5) 光杠杆小镜后足长 b。

$\overline{b} = $ _____ ;

A 类不确定度：$u_A(b) = 1.14 \times \sqrt{\dfrac{1}{5 \times 4} \sum\limits_{i=1}^{5} (\Delta b)^2} = $ _____ ;

B 类不确定度：$u_B(b) = \dfrac{0.5\,\text{mm}}{3} = $ _____ ;

合成不确定度：$u_c(b) = \sqrt{u_A^2(b) + u_B^2(b)} = $ _____ ;

(6) 一块砝码质量 m。

$\overline{m} = $ _____ ;

A 类不确定度：$u_A(m) = 0$ _____ ;

B 类不确定度：$u_B(m) = \dfrac{0.005\text{kg}}{3} = $ _____ ；

合成不确定度：$u_c(m) = \sqrt{u_A^2(m) + u_B^2(m)} = $ _____ ；

（7）一块砝码导致的钢丝伸长量 l。

$\bar{l} = \dfrac{1}{4}\bar{x} = $ _____ ；$u_c(l) = \dfrac{1}{4}u_c(x) = $ _____ 。

（8）钢丝杨氏模量 E。

$\bar{E} = \dfrac{400mgLH}{\pi D^2 bl} = $ _____ ；

$$u_r(E) = \sqrt{\left(\dfrac{u_c(m)}{\bar{m}}\right)^2 + \left(\dfrac{u_c(L)}{\bar{L}}\right)^2 + \left(\dfrac{u_c(H)}{\bar{H}}\right)^2 + \left(2\,\dfrac{u_c(D)}{\bar{D}}\right)^2 + \left(\dfrac{u_c(b)}{\bar{b}}\right)^2 + \left(\dfrac{u_c(l)}{\bar{l}}\right)^2}$$

$= $ _____ ；

$u_c(E) = \bar{E}u_r(E) = $ _____ ；

5. 结果完整表示。

$$\begin{cases} E = \\ u_r = \end{cases} \qquad\qquad (p = 68.3\%)$$

七、实验小结

实验 5 – 2　三线摆测定转动惯量

一、实验原理简述(结合公式和图,用简洁文字说明)

(提示:转动惯量及其性质、三线摆装置示意图及原理、测量公式及各量含义)

二、实验步骤及注意事项

三、预习自测题

1. 转动惯量是表征刚体转动特性的物理量,是刚体_____的量度,它取决于
(1)_____;(2)_____;(3)_____。

2. 式(5-2-4)必须满足的条件是:(1)_____;
(2)_____;(3)_____。

3. 在测量三线摆谐振周期时,测量的是 $50T$ 的时间,这样做的目的是_____
_____,这种测量方法称为累积(计)放大法。

4. 在验证平行轴定理时,应将两个小圆柱体按图 5-2-2 相对于转轴_____
放置在大圆盘上。

5. 本实验中,用米尺测量的物理量有_____
_____;用游标卡尺测量的物理量有_____。

四、仪器记录(名称、型号、主要参数)

五、原始数据记录

1. 测定圆环转动惯量数据记录表。

仪器常数	项目 序号	1	2	3	平均值
仪器常数	H/cm				
仪器常数	D/cm				
仪器常数	d/cm				
圆盘	m_0/g				
圆盘	$50T_0/\mathrm{s}$				
盘＋环	$50T_1/\mathrm{s}$				
环	$D_1=$	（cm）	$D_2=$ （cm）	$m_1=$	（g）

2. 验证平行轴定理数据记录表。

项目	$2a/\mathrm{cm}$	d_x/cm	m/g	$50T_a/\mathrm{s}$
测量值				

实验 6-1　混合法测定比热容

一、实验原理简述(结合公式和图,用简洁文字说明)

（提示:混合法测量比热容的一般性原理、系统组成、作图外推法修正混合温度）

二、实验步骤及注意事项

三、预习自测题

1. 与外界没有能量交换的系统称孤立系统。本实验所用量热器采取(1)＿＿＿＿＿＿＿＿＿＿＿＿＿＿＿＿＿;(2)＿＿＿＿＿＿＿＿＿＿＿＿＿＿＿＿＿＿;(3)＿＿＿＿＿＿＿＿＿＿＿＿＿＿＿＿＿＿等隔热措施使其近似成为孤立系统。

2. 铝的比热容为 $0.905×10^3$ J/(kg·℃),而水的比热容为 $4.182×10^3$ J/(kg·℃),实验中为了使热交换的热量主要发生在高温系统与待测物体之间,应取铝的质量比低温水的质量＿＿＿＿＿＿为好。

3. 为了减小 A 系统与环境热交换对测量结果产生的影响,A,B 系统混合前它们的温度应取在＿＿＿＿＿＿两侧为好。

4. 本实验中,A 系统包括＿＿＿＿＿＿＿＿＿＿＿＿＿＿＿＿＿＿＿＿＿＿＿＿＿＿＿;B 系统为＿＿＿＿＿＿＿＿＿＿＿＿＿＿＿＿＿＿＿＿＿＿＿＿＿＿。

四、仪器记录(名称、型号、主要参数)

五、原始数据记录

实验数据记录表

物理量 \\ 系统与物质	A 系统				B 系统
	待测物 (m_0, c_0)	内筒 (m_1, c_1)	搅拌器 (m_2, c_2)	冷 水 (m_3, c_3)	热 水 (m_4, c_3)
质量/g					
比热容(查附录) $10^3 \mathrm{J}/(\mathrm{kg \cdot ℃})$					
$T_0=$ ℃	$T_a=$ ℃		$T_b=$ ℃		$T=$ ℃

注：T_0 为待测物混合时刻温度；T_a 为 A 系统混合时刻温度；T_b 为 B 系统混合时刻温度；T 为混合后(A＋B)系统平衡温度。

将上表中有关数据对应输入计算机软件中，并计算得

实验测量值 $C_0=$ $\times 10^3 \mathrm{J}/(\mathrm{kg \cdot ℃})$

由附表七查知待测物比热容公认值 $C=$ $\times 10^3 \mathrm{J}/(\mathrm{kg \cdot ℃})$

实验测量值与公认值相对百分差

$$E = \frac{|C_0 - C|}{C} \times 100\% =$$

实验 7－1　空气中声速的测定

一、实验原理简述(结合公式和图,用简洁文字说明)

　　(提示:装置示意图、三种测量波长的方法、谐振频率)

二、实验步骤及注意事项

三、预习自测题

1. 超声波是指频率_____kHz 的声波。

2. 本实验用两个压电元件作换能器,一个换能器由高频电信号激振而产生_____,另一个作为接收器将高频变化的声压转换为_____。

3. 两个换能器相对放置且端面平行时,在它们间形成驻波,当接收器位于驻波场中的_____处时声压最大,此时示波器显示的幅值_____。

4. 实验中,为了使发射换能器谐振,要调节信号源的输出频率,判断其谐振与否的标志为_____。

5. 相位法测声速时,将发射器与接收器的正弦信号分别输入示波器的 x 轴与 y 轴,两个信号的合成在屏幕上形成李萨如图。当接收器移动时,图像将作周期性变化,每改变一个周期,换能器移动的距离为_____,相位改变_____。

四、仪器记录(名称、型号、主要参数)

五、原始数据记录

1. 驻波法实验数据。

频率 $f=$　　　　　（kHz）　　　　室温 $t=$　　　　（℃）

序号	1	2	3	4	5	6	7	8	9	10
X_i/cm										
$L=X_{i+5}-X_i$										
$\bar{L}$										
$L_i-\bar{L}$										

2. 相位法实验数据（每隔 2π 测一次）。

频率 $f=$　　　　　（kHz）　　　　室温 $t=$　　　　（℃）

序号	1	2	3	4	5	6	7	8	9	10
X_i/cm										
$L=X_{i+5}-X_i$										
$\bar{L}$										
$L_i-\bar{L}$										

3. 双踪显示法实验数据（选作）。

频率 $f=$　　　　（kHz）　　　　室温 $t=$　　　　（℃）

序号	1	2	3	4	5	6	7	8	9	10
X_i/cm										

实验 8-1　伏安特性研究

一、实验理简述(结合公式和图,用简洁文字说明)

(提示:电路图、系统误差的修正)

二、实验步骤及注意事项

三、预习自测题

1. 伏安法测电阻时,电流表内接使得电阻的测量值比实际值_____;电流表外接使得电阻的测量值比实际值_____。

2. 为了减小电表内阻所引起的_____误差,内接时应满足_____条件;外接时应满足_____条件。

3. 滑线变阻器的参数是_____和_____,在电路中一般有_____和_____两种接法,通电之前必须把滑线变阻器滑动头放在_____。实验中欲使电流能从0开始变化,须用_____接法,通电之前必须把滑线变阻器滑动头放在_____。

4. 在图 8−1−3 中,闭合 K_2 所测得的伏安特性曲线,其斜率实际上是_____。此时,电流表满偏后,电压表所测电压比 K_2 打开时所测电压_____,为了使电压测量较准,在 K_2 闭合前后应合理选择电压表的_____。

5. 在图 8−1−3 测量线路中,所用灯泡的额定电压是 13V,电压表的额定电压为 7.5V,电源 E 的电压应为_____。

6. 电学实验的基本接线方法是_____。打开电源之前,应将其输出调至_____。

7. 电表分为7个准确度等级,分别为 $a=$_____。电表的误差限 Δ 等于_____。电表使用前要_____,使用时要正确放置,如果表盘标有"→"或" ⌐ "符号,表示要_____放置。

四、仪器记录（名称、型号、主要参数）

五、原始数据记录

1. $U_1 - I$ 原始数据记录表

序号	1	2	3	4	5	6	7	8
I/mA								
U_1/V								

2. $U_A - I$ 原始数据记录表

序号	1	2	3	4	5	6	7	8
I/mA								
U_A/V								

实验 8－5　十一线电位差计测电动势

一、实验原理简述(结合公式和图,用简洁文字说明)

　　(提示:电路图、测量原理及公式、定标的含义及方法)

二、实验步骤及注意事项

三、预习自测题

1. 十一线电位差计定标前应先估算定标电阻,其目的是_____。

2. 用电位差计可以测量_____等物理量。

3. 电位差计接线时要注意各连接点的极性,做到_____。

4. 用十一线电位差计测量时用到了_____法,因此在测量过程中绝不能改变_____。

5. 定标时,调节定标电阻,使工作电流变化,以达到_____;测量时,应保持_____,_____,调节_____,达到补偿平衡。

四、仪器记录(名称、型号、主要参数)

五、原始数据记录

1. 定标电阻。

2. 测量数据。

(1) 当 $U = 0.200\ 0$ V/m。

序号	1	2	3	4	5
定标电阻					
Lac/m					

(2) 当 $U = 0.150\ 0$ V/m。

序号	1	2	3	4	5
定标电阻					
Lac/m					

(3) 当 $U = 0.300\ 0$ V/m。

序号	1	2	3	4	5
定标电阻					
Lac/m					

实验 9 - 1　透镜焦距的测定

一、实验原理简述(结合公式和图,用简洁文字说明)

（提示:各种测量方法的光路图及公式）

二、实验步骤及注意事项

三、预习自测题

1. 为了在光具座上实现准确测量,应使各光学元件共轴等高。为此,先要目测粗调,然后再采用_____,通过两次成像中心_____来进行细调,细调时应使大像向小像靠拢,逐次逼近。

2. 物距像距法和自准直法测凹透镜焦距时,要求凸透镜在像屏上成一_____像。

3. 凹透镜对光线起发散作用成_____像,因而不能用像屏直接接收到像,故一般借助_____,使其将光线会聚所成的像作为凹透镜的_____。

4. 用位移法细调共轴等高时,若成的大像比成的小像高,则说明物比透镜_____。

5. 测凸透镜焦距时,与物距像距法和自准直法相比,位移法的优点是_____
_____。

6. 取拿透镜时只允许拿透镜的_____,以免损坏光学面。

四、仪器记录(名称、型号、主要参数)

五、实验内容及数据处理

1. 物距像距法测凸透镜焦距。　　　　　　　　　　　　　　　单位:cm

u	v	f

2. 自准直法测凸透镜焦距。　　　　　　　　　　　　　　　　单位:cm

序号	1	2	3	4	5
f					

3. 位移法测凸透镜焦距

单位:cm

序号	1	2	3	4	5
L					
D					

4. 物距像距法测凹透镜焦距

单位:cm

A′B′位置	
A″B″位置	
L_2 位置	
u	
v	

5. 自准直法测凹透镜焦距

单位:cm

序号	1	2	3	4	5
x_1					
x_2					.
f_2					

实验 10 – 5　霍耳效应测磁感应强度

一、实验原理简述（结合公式和图，用简洁文字说明）

（提示：霍耳效应、电路图、测量原理及公式）

二、实验步骤及注意事项

三、预习自测题

1. 霍耳元件是一种_____传感器,磁场中通电导体内的载流子受到_____的作用而发生偏转形成霍耳电压。在磁场方向给定后,霍耳电压的方向与_____有关。

2. 在对霍耳电压进行测量时,测量所得的电压值包含了霍耳电压和_____、_____、_____等所产生的附加电压。其中,_____产生的附加电压值最大,可用_____方法予以消除。

3. 本实验中,要求霍耳元件工作电流 $I \leqslant$_____mA,激磁电流 $i \leqslant$_____A。为了产生较大的霍耳电压,减小测量的相对误差,I 和 i 应尽量取为_____。

四、仪器记录(名称、型号、主要参数)

五、原始数据记录

1. 霍耳元件灵敏度。

$K_H = $ mV/(mA·T)

2. 测螺线管中心处的磁感应强度。

原始数据记录表(测量条件:$i=$ A,$I=$ mA)   单位:mV

序号	1	2	3	4	5
U_1					
U_2					
U_H					

3. 测激磁电流与磁感应强度的关系。

原始数据记录表(测量条件:$I=$ mA)

序号	1	2	3	4	5	6	7
i/A							
U_1/mV							
U_2/mV							
U_H/mV							

实验 8 - 4　灵敏电流计的研究

一、实验原理简述(结合公式和图,用简洁文字说明)

　　（提示:电路图、测量原理及公式）

二、实验步骤及注意事项

三、预习自测题

1. 灵敏电流计是用来检测微小电流的磁电系仪表,其分度值约为_____A。

2. 灵敏电流计电流常数 C_1 是指指针或光标每偏转_____电流计中通过的电流的大小,电流常数的倒数 S_1 称为电流计的电流灵敏度,表示_____,单位为_____。

3. 灵敏电流计线圈的运动状态与外电阻大小有关,随着外电阻大小不同,线圈会出现_____、_____、_____三种运动状态。使用电流计时,应尽可能使其工作在或接近于_____状态。

4. 为了保证电流计的安全使用,线路中采用二级分压以获得_____电压。实验中,灵敏电流计内阻约 20Ω,电流常数为 7×10^{-9} A/mm,最大偏转约 60 mm,外临界电阻约 50Ω。在临界阻尼状态下,加在电流计回路上的电压最大应为_____V。

5. 灵敏电流计的分流器用来改变_____和_____状态,当分流器处于 $\times 1$,$\times 0.1$,$\times 0.01$ 挡时,灵敏度依次从_____到_____变化。使用完毕时,分流器应处于_____挡,使灵敏电流计处于过阻尼保护状态。

四、仪器记录(名称、型号、主要参数)

五、实验内容及数据处理

1. 灵敏电流计铭牌参数：

2. 原始数据记录表：

$R_1 =$ Ω	外临界电阻 $R_c =$ Ω	$R_2 =$ Ω	电流计偏转 $d_0 =$ mm
$R_{外}/\Omega$			
$I/\mu A$			

实验 8–6　电表的扩程与校准

一、实验原理简述(结合公式和图,用简洁文字说明)

(提示:电表校准、电路图、测量原理)

二、实验步骤及注意事项

三、预习自测题

1. 将表头改装成伏特表要在表头上_____一个_____。

2. 将表头改装成安培表要在表头上_____一个_____。

3. 电位差计是利用_____原理、采用_____方法对电源电动势或电势差进行测量的一种仪器。

4. 任何电位差计在用于实际测量前,都必须进行_____。UJ33b 型电位差计有_____量程,测量时量程为_____。

5. 标称误差指的是电表的读数与_____的差异。为了确定标称误差,用电表和一个_____同时测量一定的电流或电压,从而得到一系列的对应值,这一工作称为_____,其结果是得到电表各个刻度的绝对误差。电表的标称误差定义为_____。

四、仪器记录(名称、型号、主要参数)

五、原始数据记录

电表校准原始数据记录表：

序号	1	2	3	4	5	6	7	8	9	10	11
U_s/mV											
I_x/mA											
I_s/mA											
ΔI_x/mA											

实验 8-7　放电法测量高电阻

一、实验原理简述（结合公式和图，用简洁文字说明）

（提示：电路图、测量原理及公式）

二、实验步骤及注意事项

三、预习自测题

1. 在公式 $Q = Q_0 \mathrm{e}^{-\frac{t}{RC}}$ 中,Q_0 是电容器极板上的_____,Q 是放电 t s 后极板上的_____。

2. 在图 8−7−5 中,当双刀双掷开关 K_2 合到右边时,给电容器_____,在 K_2 打开的瞬间,电容器开始通过_____放电,放电 t s 后,K_2 合到左边,由于高阻远远大于数字电量仪内阻,电容器上的_____通过_____放掉。

3. 本实验待测高电阻约为 $10^8\ \Omega$,要求放电时间常数 $\tau \approx$ _____ s,应选取 $C =$ _____ μF。

4. 在图 8−7−5 中,双刀双掷开关 K_2 的作用是_____。为了保证数字电量仪的安全,接线时必须将电容器接在 K_2 的_____。

5. 实验中,为了防止额外漏电,手不能_____。

6. 每一次放电均应从相同的 Q_0 开始,所以,测量中必须保证充电电压_____。

7. 本实验要求放电时间区间选为 $0 \sim 3\tau$,即 $0 \sim$ _____ s。

四、仪器记录(名称、型号、主要参数)

五、原始数据记录

1. 测高电阻:

原始数据记录表（测量条件: $C =$ ___ μF, $U =$ ___ V, $Q_0 =$ ___ nC）

序 号	1	2	3	4	5	6	7	8	9	10
放电时间 t/s										
电量 Q/nC										

2. 测漏电电阻:

原始数据记录表（测量条件: $C =$ ___ μF, $U =$ ___ V, $Q_0 =$ ___ nC）

序 号	1	2	3	4	5
放电时间 t/s					
电量 Q/nC					

实验 9 - 5 双棱镜干涉测波长

一、实验原理简述(结合公式和图,用简洁文字说明)

(提示:光路图、测量原理及公式)

二、实验步骤及注意事项

三、预习自测题

1. 光的干涉现象说明光具有_____，两束光相干的条件是_____、_____、
_____。

2. 通常，产生相干光的方式有两种，即_____和_____。本
实验通过_____获得相干光。

3. 按照干涉的理论和条件，为获得对比度好、清晰的干涉条纹，本实验调节好的光路应满
足：(1)_____；

(2)_____；

(3)_____。

4. 双棱镜干涉条纹空间分布的特点是_____，其条纹疏密程度随单缝与
双棱镜距离的变小而_____；条纹间距随单缝与测微目镜或观察屏距离的增加而
_____。

5. 用测微目镜测量时，为消除螺距间隙误差，应_____
_____。为准确测量条纹间距及两虚光源间距，应使目镜分划板竖线与
条纹及虚光源的像平行。

四、仪器记录(名称、型号、主要参数)

五、原始数据记录

1. 测量两虚光源距离 d、透镜移动距离 L 及两虚光源到测微目镜叉丝平面距离 D。

d_1, d_2, L 测量数据表 单位:mm

被测量		1	2	3	结 果
d_1	x_1				$\overline{d_1}=$
	x_2				
	$\lvert x_1 - x_2 \rvert$				
L	y_1				$\overline{L}=$
	y_2				
	$\lvert y_2 - y_1 \rvert$				
d_2	x_1				$\overline{d_2}=$
	x_2				
	$\lvert x_1 - x_2 \rvert$				

从表中有关数据可计算:

$$\overline{d}=\sqrt{\overline{d_1}\,\overline{d_2}}= \qquad\qquad (\text{mm})$$

$$\overline{D}=\frac{\sqrt{\overline{d_2}}+\sqrt{\overline{d_1}}}{\lvert \sqrt{\overline{d_2}}-\sqrt{\overline{d_1}} \rvert}\overline{L}= \qquad\qquad (\text{mm})$$

2. 测量相邻亮纹间距 ΔX(注意读数显微镜位置要保持与前面相同,不变)。

干涉条纹序号	1	11	$\Delta X=\frac{1}{10}(X_{11}-X_1)$
条纹位置 X/mm			

将上述相关数据代入式(9-5-3)计算:

$$\lambda= \qquad\qquad (\text{nm})$$

实验测量值与公认值相对百分差

$$E=\frac{\lvert \lambda-\lambda_{\text{公}} \rvert}{\lambda_{\text{公}}}\times 100\%=$$

实验 10 – 1 微小形变的电测法

一、实验原理简述(结合公式和图,用简洁文字说明)

(提示:电路图、测量原理及公式)

二、实验步骤及注意事项

三、预习自测题

1. 电阻应变片作为一种传感元件,可将_____转换成_____。

2. 本实验用_____电桥测量应变片的阻值,以实现对微小形变的测量。应变片作为电桥的一个桥臂,黏贴在悬臂梁的_____端,为了补偿因温度改变而引起的应变片阻值的变化对电桥平衡的影响,另用一相同的应变片作为相邻桥臂,贴在固定端,以进行温度补偿,称其为_____。

3. 用电桥测电阻时,应特别注意选取与待测电阻相邻的臂作为测量臂,其他两臂作比率臂,比率最好取_____;同时,应使电桥具有适当的灵敏度。所谓灵敏度适当,是指在电桥平衡后,调节微调电阻箱最小步进值时,电流计偏转应有_____的可观察变化。

4. 当微调电阻箱的旋钮均置 0 时,其初始阻值为_____ Ω。

四、仪器记录(名称、型号、主要参数)

五、原始数据记录

1. 应变片灵敏度系数 $K = 2.25 \pm 0.03$,应变片初始电阻 $R_x =$　　 Ω(含托盘)。

2. 原始数据记录表(测量条件:$I =$　　 mA,$S =$　　 格/Ω)。

序号 n	载荷/g	上行 R_b/Ω	下行 R_b/Ω	$\overline{R_b}/\Omega$	150g 质量变化时 $\overline{R_{bn+3}} - \overline{R_{bn}}/\Omega$
1	50				
2	100				
3	150				
4	200				
5	250				
6	300				
平均					

42

实验 11 - 1　迈克耳孙干涉仪

一、实验原理简述(结合公式和图,用简洁文字说明)

（提示:光路图、单色点光源光波长的测量原理及公式、纳双线波长差的测量原理及公式）

二、实验步骤及注意事项

三、预习自测题

1. 迈克耳孙干涉仪是一种用＿＿＿＿＿＿＿＿＿＿＿产生双光束干涉的仪器,光路中 G_1 的作用是＿＿＿＿＿＿, G_2 的作用是＿＿＿＿＿＿＿＿＿＿＿＿＿＿＿＿。

2. 迈克耳孙干涉仪中,反射镜 M_1 和 M_2 严格垂直时,形成的干涉条纹是一组同心圆环,圆心处干涉条纹级次＿＿＿＿＿＿。用点光源照射时,干涉条纹定域在＿＿＿＿＿＿,用面光源照射时,干涉条纹定域在＿＿＿＿＿＿。当 M_1 镜移动时,干涉圆环会从圆心冒出或收缩,冒出或收缩一个条纹(圆环), M_1 镜移动的距离为＿＿＿＿＿＿。

3. 测量时, M_1 的位置读数应从导轨标尺、粗调手轮和细调手轮刻度盘上读取,其测长精度是＿＿＿＿＿＿ m 。

4. 钠光灯照射时,随着 M_1 镜的移动,干涉条纹对比度降为最小是因为＿＿＿＿＿＿＿＿＿＿＿＿＿＿＿＿＿＿＿＿＿＿＿＿。

5. 迈克耳孙干涉仪是精密仪器,操作时应特别注意＿＿。

6. 为了快捷地调出干涉条纹,应调节粗调手轮,移动 M_1 镜使分束镜 G_1 到 M_1, M_2 的距离＿＿＿＿＿＿。为了避免螺纹及拖动配合的间隙误差,测量中调节手轮时必须＿＿＿＿＿＿＿＿＿＿＿＿。

四、仪器记录(名称、型号、主要参数)

五、原始数据记录

1. He-Ne 激光波长测量

单位:mm

40条吞吐 始末位置	X_0	X_1	X_0	X_1	X_0	X_1	X_0	X_1
移动距离 d								

2. 钠双线波长差的测量

对比度变化次数 N	起点位置 x_0	末点位置 x_N	移动距离 d

45

实验 11 - 5　激光全息照相

一、实验原理简述(结合公式和图,用简洁文字说明)

（提示:拍摄光路图、实验过程及原理）

二、实验步骤及注意事项

三、预习自测题

1. 全息照相利用光的干涉,把物体反射光的_____信息和_____信息以_____的形式记录下来。

2. 全息照相分为_____和_____两个过程。第一个过程利用光的_____原理,第二个过程利用光的_____原理。

3. 为了保证照射在全息干板上的两束光干涉,实验用_____作为光源,并利用_____把一束光分为_____和_____两部分,且在布置光路时必须使两个部分的_____相等。

4. 为了防止振动而影响干涉条纹的分布,仪器设计中采取了_____和_____两个措施,同时在拍照过程中严禁_____。

5. 光强比是指_____位置处的物光与参考光的光强之比,所以测光强时必须把光电池放在_____处。拍照时要求物光、参考光的光强比在_____为好。

6. 冲洗干板的顺序为_____。

四、仪器记录(名称、型号、主要参数)

47

实验 13－2　设计性实验——热敏电阻温度计的设计与制作

一、预习要求

1. 阅读教材第 12 章,熟悉实验设计的概念。
2. 参考教材第 10 章实验 10－3 的内容。
3. 根据实验要求利用所给仪器写出设计方案,画出电路图。

二、实验原理与电路图(设计方案)

三、实验步骤

四、数据记录

1. 仪器名称、型号、参数记录。

2. 数据记录表及数据处理。

附录:物理实验报告范例

三线摆测量转动惯量

一、实验目的

1. 学习用三线摆测定刚体的转动惯量。
2. 学习并掌握基本测量仪器的正确使用。

二、实验仪器(名称、型号、参数等)

要注意记录仪器名称、型号及主要参数。

三线摆及附件,待测圆环,待测圆柱两个;
水平仪,电子秒表(精度 0.01s);
游标卡尺(精度 0.02mm),米尺(精度 1mm)。

三、实验原理(用简洁的文字及图示说明)

注意要用文、图、公式"三结合",文字表述要完整简洁,图线绘制要用铅笔直尺,公式所用符号要进行说明。

1. 转动惯量。

转动惯量是表征刚体转动特性的物理量,是刚体转动惯性的量度。刚体转动惯量取决于刚体总质量的大小、转轴的位置和质量对转轴的分布。其服从以下定律和性质:

(1) 定轴转动定律:$M=J\beta$,其中 M 为力矩,β 为角加速度,J 为相对于转轴的转动惯量。

(2) 相加性:若一刚体绕一特定轴的转动惯量为 J_1,另一刚体绕该轴的转动惯量为 J_2,当它们同轴叠加在一起时总的转动惯量为 $J=J_1+J_2$。

(3) 平行轴定理:质量为 m 的刚休绕通过质心的轴的转动惯量为 J_c,则该刚体绕与前轴平行,相距为 x 的另一轴的转动惯量为 $J=J_c+mx^2$。

2. 测量原理及公式。

(1) 三线摆装置示意图如右图所示。M,N 为两个均匀的大、小圆盘,大盘用等长的三条线对称地悬挂在小圆盘下面,小盘固定。

(2) 当两盘水平、大盘绕中心轴连线 OO' 扭转运动的转角很小($\theta<5°$)、且悬线长度远远大于大盘扭转时沿轴线上升的高度时,可得大盘的转动惯量与运动周期的关系为

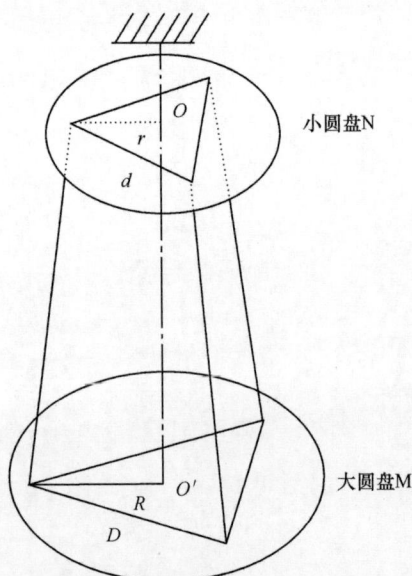

小圆盘N

大圆盘M

50

$$J_0 = \frac{m_0 g D d}{12\pi^2 H} T_0^2$$

式中，m_0 为大盘质量；g 为重力加速度；D 为大盘悬点间距；d 为小盘悬点间距；H 为两盘垂直距离。

（3）圆环转动惯量 J。

测量公式：$\qquad J_1 = \frac{(m_0 + m_1) g D d}{12\pi^2 H} T_1^2, \quad J = J_1 - J_0$

式中，m_1 为圆环质量；T_1 为圆盘与圆环一起转动的周期。

（4）圆柱转动惯量 J_a。

测量公式：$\qquad J_2 = \frac{(m_0 + 2m) g D d}{12\pi^2 H} T_a^2, \quad J_a = \frac{1}{2}[J_2 - J_0]$

式中，m 为单个圆环质量；T_a 为圆盘与圆柱一起转动的周期；a 为圆环中心距转轴的距离。

四、实验步骤与注意事项

本部分要求简洁地叙述实验的过程、方法以及实验过程中的注意事项。

1. 调整仪器：按两步进行。

（1）小盘水平：水平仪放在小盘上，调节支架的底脚螺丝，使小盘上水平泡处于中心。

（2）大盘水平：水平仪放在大盘中心，调节悬线的长度，使大盘水平。

2. 测定 D，d，H。

（1）用米尺多次测量 H，取平均。

（2）用米尺依次测量三个 D，取平均。

（3）用游标卡尺依次测量三个 d，取平均。

3. 谐振周期 T 的测量：依次测量（1）大盘、（2）大盘＋圆环、（3）大盘＋圆柱的转动周期，采用累计放大法，每次测量 $50T$ 的时间，每个系统测量三次，分别求平均。

4. 计算测量结果给出结果完整表示。

注意事项：

（1）2，3 系统摆放时保证对转轴对称。

（2）游标卡尺使用前记录初读数，以用于对测量值进行修正。

五、实验内容及数据处理（列表记录数据并写出主要处理过程）

1. 测定转动惯量数据记录表。

原始数据记录基本要求：

（1）原始数据及其一般处理（测量值的平均值、对数值、测量值的偏差、偏差平方等等）都应当放于表格之中，表格应用铅笔直尺绘制。

（2）数据记录要注意有效数字及单位。

项目 \ 序号		1	2	3	平均值	$\Sigma\Delta^2$
仪器常数	H/cm	47.22	47.23	47.19	47.21	0.000 867
	D/cm	16.92	16.95	17.01	16.96	0.004 2
	d/cm	9.226	9.300	9.224	9.250	0.003 75
圆 盘	m_0/g	1 300				
	$50T_0$/s	70.2	70.8	71.3	70.8	0.607
盘+环	m_1/g	380				
	$50T_1$/s	71.2	72.1	71.5	71.6	0.42
盘+柱	m/g	160				
	$50T_a$/s	68.3	70.1	69.5	69.3	1.68

2. 转动惯量及其不确定度计算(作为范例,仅处理 J_0 的数据)。

数据处理的基本要求:

计算时,公式要正确,符号式、数据式、结果三者要齐全。

$$T_0 = 70.8/50 = 1.416\text{s}, \quad T_1 = 71.6/50 = 1.43\text{s}, \quad T_a = 69.3/50 = 1.39\text{s}$$

西安地区重力加速度为 $g = 9.796\ 84\ \text{m/s}^2$。

J_0 平均值计算:

$$\overline{J}_0 = \frac{\overline{m}_0 g \overline{D}\overline{d}}{12\pi^2 \overline{H}}\overline{T}_0^2 = \frac{1\ 300\text{g}\times 9.796\ 84\text{m}\cdot\text{s}^{-2}\times 16.96\text{cm}\times 9.250\text{cm}}{12\times 3.142^2\times 47.21\text{cm}}\times(1.42\text{s})^2 =$$

$$7.203\ 5\text{g}\cdot\text{m}^2 = 7.203\ 5\times 10^{-3}\text{kg}\cdot\text{m}^2$$

J_1 平均值计算:

$$\overline{J}_1 = \frac{(m_0+m_1)g\overline{D}\overline{d}}{12\pi^2 \overline{H}}\overline{T}_1^2 = \frac{(1\ 300+380)\text{g}\times 9.8\text{m}\cdot\text{s}^{-2}\times 16.96\text{cm}\times 9.250\text{cm}}{12\times 3.142^2\times 47.21\text{cm}}\times(1.43\text{s})^2 =$$

$$9.440\ 8\text{g}\cdot\text{m}^2 = 9.440\ 8\times 10^{-3}\text{kg}\cdot\text{m}^2$$

J_2 平均值计算:

$$\overline{J}_2 = \frac{(\overline{m}_0+2m)g\overline{D}\overline{H}}{12\pi^2 \overline{H}}\overline{T}_a^2 = \frac{(1\ 300+2\times 160)\text{g}\times 9.8\text{m}\cdot\text{s}^{-2}\times 16.96\text{cm}\times 9.250\text{cm}}{12\times 3.142^2\times 47.21\text{cm}}\times(1.39\text{s})^2 =$$

$$8.601\ 4\text{g}\cdot\text{m}^2 = 8.601\ 4\times 10^{-3}\text{kg}\cdot\text{m}^2$$

J 平均值计算:

$$J = J_1 - J_0 = (9.440\ 8 - 7.203\ 5)\times 10^{-3} = 2.237\ 3\times 10^{-3}\text{kg}\cdot\text{m}^2$$

J_a 平均值计算:

$$J_a = \frac{1}{2}(J_2 - J_0) = \frac{1}{2}(8.601\ 4 - 7.203\ 5)\times 10^{-3} = 0.698\ 9\times 10^{-3}\text{kg}\cdot\text{m}^2$$

各直接测量量的不确定度计算:

m_0:

$$u_A(m_0) = 0,$$

$$u_B(m_0) = \frac{5g}{3} = 1.7g$$

$$u_c(m_0) = 1.7g$$

$$u_r(m_0) = \frac{u_c(m_0)}{m_0} = \frac{1.7g}{1\ 300g} = 0.13\%$$

$m_0 + m_1$:

$$u_A(m_1) = 0$$

$$u_B(m_1) = \frac{5g}{3} = 1.7g$$

$$u_c(m_1) = 1.7g$$

$$u_c(m_0 + m_1) = \sqrt{u_c(m_0) + u_c(m_1)} = 2.4g$$

$$u_r(m_0 + m_1) = \frac{u_c(m_0 + m_1)}{m_0 + m_1} = \frac{2.4g}{(1300 + 380)g} = 0.143\%$$

$m_0 + 2m$:

$$u_A(m) = 0$$

$$u_B(m) = \frac{5g}{3} = 1.7g$$

$$u_c(m) = 1.7g$$

$$u_c(m_0 + 2m) = \sqrt{u_c(m_0) + 4u_c(m)} = 3.8g$$

$$u_r(m_0 + m_1) = \frac{u_c(m_0 + 2m)}{m_0 + 2m} = \frac{3.8g}{(1\ 300 + 2 \times 160)g} = 0.234\%$$

D:

$$u_A(D) = t_p \sqrt{\frac{1}{n(n-1)} \sum_{i=1}^{n} (\Delta D_i)^2} = 1.32 \sqrt{\frac{0.004\ 2}{3 \times 2}} = 0.035\text{cm}$$

$$u_B(D) = \frac{\Delta}{C} = \frac{0.05\text{cm}}{3} = 0.017\text{cm}$$

$$u_c(D) = \sqrt{u_A(D)^2 + u_B(D)^2} = \sqrt{0.035^2 + 0.017^2} = 0.039\text{cm}$$

$$u_r(D) = \frac{u_c(D)}{} = \frac{0.039\text{cm}}{16.96\text{cm}} = 0.23\%$$

d:

$$u_A(d) = t_p \sqrt{\frac{1}{n(n-1)} \sum_{i=1}^{n} (\Delta d_i)^2} = 1.32 \sqrt{\frac{0.003\ 75}{3 \times 2}} = 0.033\text{cm}$$

$$u_B(d) = \frac{\Delta}{C} = \frac{0.002\text{cm}}{\sqrt{3}} = 0.001\ 2\text{cm}$$

$$u_c(d) = \sqrt{u_A\ (d)^2 + u_B\ (d)^2} = \sqrt{0.033^2 + 0.001\ 2^2} = 0.034\text{cm}$$

$$u_r(d) = \frac{u_c(d)}{9.250\text{cm}} = \frac{0.034\text{cm}}{9.250\text{cm}} = 0.37\%$$

H:

$$u_A(50T_0) = t_p \sqrt{\frac{1}{n(n-1)} \sum_{i=1}^{n} (\Delta 50T_{0,i})^2} = 1.32 \sqrt{\frac{0.607}{3 \times 2}} = 0.42\text{s}$$

$$u_B(50T_0) = \frac{\Delta}{C} = \frac{0.2\text{s}}{\sqrt{3}} = 0.16\text{s}$$

$$u_c(50T_0) = \sqrt{u_A\ (50T_0)^2 + u_B\ (50T_0)^2} = \sqrt{0.42^2 + 0.16^2} = 0.45\text{s}$$

$$u_r(T_0) = u_r(50T_0) = \frac{u_c(50T_0)}{50\overline{T}_0} = \frac{0.45\text{s}}{70.8\text{s}} = 0.64\%$$

T_0:

$$u_A(50T_0) = t_p \sqrt{\frac{1}{n(n-1)} \sum_{i=1}^{n} (\Delta 50T_{0,i})^2} = 1.32 \sqrt{\frac{0.607}{3 \times 2}} = 0.42\text{s}$$

$$u_B(50T_0) = \frac{\Delta}{C} = \frac{0.2\text{s}}{\sqrt{3}} = 0.16\text{s}$$

$$u_c(50T_0) = \sqrt{u_A\ (50T_0)^2 + u_B\ (50T_0)^2} = \sqrt{0.42^2 + 0.16^2} = 0.45\text{s}$$

$$u_r(T_0) = u_r(50T_0) = \frac{u_c(50T_0)}{50\overline{T}_0} = \frac{0.45\text{s}}{70.8\text{s}} = 0.64\%$$

T_1:

$$u_A(50T_1) = t_p \sqrt{\frac{1}{n(n-1)} \sum_{i=1}^{n} (\Delta 50T_{1,i})^2} = 1.32 \sqrt{\frac{0.42}{3 \times 2}} = 0.35\text{s}$$

$$u_B(50T_1) = \frac{\Delta}{C} = \frac{0.2\text{s}}{\sqrt{3}} = 0.16\text{s}$$

$$u_c(50T_1) = \sqrt{u_A\ (50T_1)^2 + u_B\ (50T_1)^2} = \sqrt{0.35^2 + 0.16^2} = 0.39\text{s}$$

$$u_r(T_1) = u_r(50T_1) = \frac{u_c(50T_1)}{50\overline{T}_1} = \frac{0.39\text{s}}{71.6\text{s}} = 0.55\%$$

T_a:

$$u_A(50T_a) = t_p \sqrt{\frac{1}{n(n-1)} \sum_{i=1}^{n} (\Delta 50T_{a,i})^2} = 1.32 \sqrt{\frac{1.68}{3 \times 2}} = 0.70\text{s}$$

$$u_B(50T_a) = \frac{\Delta}{C} = \frac{0.2\text{s}}{\sqrt{3}} = 0.16\text{s}$$

$$u_c(50T_a) = \sqrt{u_A (50T_a)^2 + u_B (50T_a)^2} = \sqrt{0.70^2 + 0.16^2} = 0.72\text{s}$$

$$u_r(T_a) = u_r(50T_a) = \frac{u_c(50T_a)}{50\overline{T}_a} = \frac{0.72\text{s}}{69.3\text{s}} = 1.03\%$$

转动惯量的不确定度计算：

(1) J_0 的不确定度：

$$u_r(J_0) = \sqrt{u_r(m_0)^2 + u_r(D)^2 + u_r(d)^2 + u_r(H)^2 + 4u_r(T_0)^2} =$$

$$\frac{1}{100}\sqrt{0.13^2 + 0.23^2 + 0.37^2 + 0.051^2 + 4 \times 0.64^2} = 1.4\%$$

$$u_c(J_0) = \overline{J}_0 \times u_r(J_0) = 7.1653 \times 10^{-3}\text{kg} \cdot \text{m}^2 \times 1.4\% = 0.10 \times 10^{-3}\text{kg} \cdot \text{m}^2$$

(2) J_1 的不确定度：

$$u_r(J_1) = \sqrt{u_r(m_0 + m_1)^2 + u_r(D)^2 + u_r(d)^2 + u_r(H)^2 + 4u_r(T_1)^2} =$$

$$\frac{1}{100}\sqrt{0.143^2 + 0.23^2 + 0.37^2 + 0.051^2 + 4 \times 0.55^2} = 1.2\%$$

$$u_c(J_1) = \overline{J}_1 \times u_r(J_1) = 9.4408 \times 10^{-3}\text{kg} \cdot \text{m}^2 \times 1.2\% = 0.12 \times 10^{-3}\text{kg} \cdot \text{m}^2$$

(3) J_2 的不确定度：

$$u_r(J_2) = \sqrt{u_r(m_0 + 2m)^2 + u_r(D)^2 + u_r(d)^2 + u_r(H)^2 + 4u_r(T_a)^2} =$$

$$\frac{1}{100}\sqrt{0.234^2 + 0.23^2 + 0.37^2 + 0.051^2 + 4 \times 1.03^2} = 2.2\%$$

$$u_c(J_2) = \overline{J}_2 \times u_r(J_2) = 8.6014 \times 10^{-3}\text{kg} \cdot \text{m}^2 \times 2.2\% = 0.19 \times 10^{-3}\text{kg} \cdot \text{m}^2$$

(4) J 的不确定度：

$$u_c(J) = \sqrt{u_c(J_1)^2 + u_c(J_0)^2} = \sqrt{0.12^2 + 0.10^2} \times 10^{-3} = 0.16 \times 10^{-3}\text{kg} \cdot \text{m}^2$$

(5) J_a 的不确定度：

$$u_c(J_a) = \frac{1}{2}\sqrt{u_c(J_2)^2 + u_c(J_0)^2} = \frac{1}{2}\sqrt{0.19^2 + 0.10^2} \times 10^{-3} = 0.11 \times 10^{-3}\text{kg} \cdot \text{m}^2$$

3. 结果完整表示。

注意：

(1)绝对不确定度第一位有效数字为1或2时,保留2位有效数字;否则只保留一位有效数字。取舍原则只入不舍(宁大勿小)。相对不确定度保留1或2位有效数字,取舍原则为4舍5入。

(2)测量值有效数字的末位与绝对不确定度的有效数字位对齐;取舍原则为4舍6入5凑偶。

(3)要正确使用科学计数法和物理量的单位。

$$\begin{cases} J_0 = (7.17 \pm 0.10) \times 10^{-3}\text{kg} \cdot \text{m}^2 \\ u_r(J_0) = \dfrac{0.10}{7.17} = 1.4\% \end{cases} \quad (p = 68.3\%)$$

$$\begin{cases} J = (2.24 \pm 0.16) \times 10^{-3} \, \text{kg} \cdot \text{m}^2 \\ u_r(J) = \dfrac{0.16}{2.24} = 7.1\% \end{cases} \quad (p = 68.3\%)$$

$$\begin{cases} J_a = (0.70 \pm 0.11) \times 10^{-3} \, \text{kg} \cdot \text{m}^2 \\ u_r(J_a) = \dfrac{0.11}{0.70} = 14\% \end{cases} \quad (p = 68.3\%)$$

六、分析讨论

本部分是对实验的总结、理解的深入,其内容方面应当深刻、有创见。书中已有的内容在前面几个部分已有归纳,此处不宜重复出现。分析讨论内容可从以下几个方面着手:

(1)实验中的特殊现象的记录和初步分析。

(2)实验中出现的故障现象发现、分析及解决过程。

(3)实验结果误差较大时进行误差分析,分析应当具有针对性,不要泛泛而谈。

(4)对书中的某些结论的推导、发展、质疑等。

(5)书中没有现成答案的习题、思考题的解答。

1. 当重物加载在圆盘上时,三线摆的悬线变长为 H',稍大于原测量值 H。此结果会导致三线摆的转动周期发生变化,根据公式

$$J_0 = \frac{m_0 g D d}{12\pi^2 H} T_0^2$$

H 增加则 T_0 增大。若将此时测得的 T_0 和伸长前测的 H 代入公式,得到的 J_0 将大于实际值。

2. 将待测物加到圆盘上后,发现摆的转动周期可能比原先的大,如 $T_1 > T_0$,也可能比原先的小,如 $T_2 < T_0$。这说明转动周期并不与摆的质量成正相关。实际上,根据上述公式,有 $T = \sqrt{\dfrac{12\pi^2 H}{gDd} \dfrac{J}{m}} \propto \sqrt{\dfrac{J}{m}}$,在摆的结构参数一定时,周期不仅与摆的质量有关,还与转动惯量,即质量的分布有关。

3. 在结果方面,结果表明,圆盘的转动惯量的相对不确定度最小,为 1.4%,圆环的相对不确定度稍大,为 7.1%,圆柱体的相对不确定度很大,为 14%。这可能是由人为计时的误差以及起摆过程有扰动造成的。另一方面,三者的绝对不确定度相差不大,造成圆柱相对不确定度大的一个主要原因是其转动惯量过小,它是通过两个较大的转动惯量相减得到的小值。为了提高测量精度,可以考虑降低测量圆盘的转动惯量,从而增加待测物体转动惯量对系统整体的贡献。

4. 实验中现象的分析和处理：

(1)加待测物体时盘有晃动,加待测物体时轻放轻取,在扭摆前用手致使下盘稳定静止。

(2)摆动过程中,应尽量减少振动,包括手离开桌面。

(3)上圆盘与下圆盘一起摆动,尽量把扭摆幅度减小,保持上盘稳定。